科普知识读本

大气重污染成因知多少

国家大气污染防治攻关联合中心
中国环境科学研究院 　著

中国环境出版集团·北京

图书在版编目（CIP）数据

大气重污染成因知多少 / 国家大气污染防治攻关联合中心，
中国环境科学研究院著 . -- 北京：中国环境出版集团，2023.10
ISBN 978-7-5111-5666-2

Ⅰ . ①大… Ⅱ . ①国… ②中… Ⅲ . ①空气污染控制 —中国—
普及读物 Ⅳ . ① X510.6-49

中国国家版本馆 CIP 数据核字 (2023) 第 211059 号

出 版 人　武德凯
策划编辑　葛　莉
责任编辑　范云平
装帧设计　光大印艺

出版发行　中国环境出版集团
　　　　　（100062 北京市东城区广渠门内大街 16 号）
　　　　　网　　址：http://www.cesp.com.cn
　　　　　电子邮箱：bjgl@cesp.com.cn
　　　　　联系电话：010-67112765（编辑管理部）
　　　　　　　　　　010-67175507（第二分社）
　　　　　发行热线：010-67125803，010-67113405（传真）
印　　刷　玖龙（天津）印刷有限公司
经　　销　各地新华书店
版　　次　2023 年 10 月第 1 版
印　　次　2023 年 10 月第 1 次印刷
开　　本　787×960　1/16
印　　张　3
字　　数　80 千字
定　　价　25.00 元

图片来源：北京伟南科技开发有限责任公司制作的同名动画视频

中国环境出版集团郑重承诺：
中国环境出版集团合作的印刷单位、材料单位均具有中国环境标志产品认证。

前　言

　　良好生态环境是最普惠的民生福祉。党的十八大以来，以习近平同志为核心的党中央对全面加强生态环境保护、坚决打好污染防治攻坚战谋划了一系列根本性、长远性、开创性工作，打赢蓝天保卫战是污染防治攻坚战的首要任务，是我们的共同目标。

　　大气污染与水污染、固体废物污染、噪声污染并称"城市四大环境污染"。近年来，随着我国经济建设迅猛发展，工业及交通运输等行业快速发展，城市化进程加快，大气污染已经成为影响社会发展和人体健康的主要问题之一，受到了公众的极大关注和各级领导的高度重视。

　　很多人对当前有关大气污染防治的问题认识不深入，因此，普及大气污染防治的相关知识既是环保工作者的责任和义务，也是广大人民群众的迫切需要。

　　编者在大量文献调研、攻关成果梳理，以及相关政策文件与实施跟踪的基础上，形成了《大气重污染成因知多少》一书，本书通过生动的画面、通俗易懂的语言，凝聚了国家大气污染防治攻关联合中心科研成果，讲解大气污染的形成原因、大气污染应如何防治等科普知识。

　　在本书编写过程中，得到了生态环境部科技与财务司、大气环境司等管理部门领导、国家大气污染防治攻关联合中心领导、专家的大力支持和指导，在此向付出辛勤劳动的领导与编写人员表示诚挚的感谢，感谢你们的奉献与分享，为广大读者普及大气污染防治的相关知识，为社会奉献一本生动形象、详细全面的大气污染防治科普读物。

　　大气污染和我们每个人都息息相关，只有从自己做起，才能有效地保护环境、维护自身和他人的健康，希望本书的出版在此方面能够起到一定的促进和推动作用。另外，由于编写人员的能力水平有限，以及资料占有的局限性，书中的问题在所难免，希望诸位同仁一起多加探讨交流，也恳请广大读者批评指正！

目 录 CONTENTS

第4章 我国对大气污染的"防"与"治"

第5章 清洁大气，保护环境从身边点滴做起

扫码获取

- 配套视频　- 环保科普
- 音频讲解　- AI 伴 读

出　　品：国家大气污染防治攻关联合中心
　　　　　中国环境科学研究院

动画制作：北京伟南科技开发有限责任公司

第1章

无处不在的大气

1.1 什么是大气?

你认识我吗?

我的名字叫大气,就是把地球紧紧包裹起来的空气,主要由混合气体、水汽和固体杂质(气溶胶粒子)组成。

混合气体

水汽

固体杂质

1.2 大气的重要性

哈哈，地球没有我，会怎么样？

一切生命都离不开大气！就像鱼儿离不开水，人类生活在地球环境中，每时每刻都离不开我。我身体里的重要元素是构成生命的物质；我甘当地球的"保护衣"，维持地球上的热量，阻挡太阳的辐射，为生命的茁壮成长提供合适的环境条件。

我体内所含的气体是动植物呼吸的必需品，甚至地表的江河、湖泊和海洋中的水也都是通过我而来的。我为地球生命的繁衍、人类社会的发展提供了合适的环境，我的身体变化时时刻刻影响着地球生物的活动和生存。

1.3 洁净的大气

据说"大气污染"是现今的社会热词！那没有污染的我是什么样子呢？

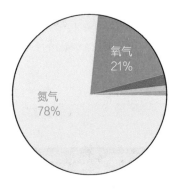

- ■ 稀有气体 0.94%
- □ 二氧化碳 0.03%
- ■ 其他物质 0.03%

气象学家们给不含水汽和各种杂质的我赋予了一个新名字——干洁大气。干洁大气是指在自然状态下除去水汽和固体杂质的空气，主要由78%氮气、21%氧气、0.94%稀有气体、0.03%二氧化碳以及0.03%其他物质组成。

大气主要组成成分及作用

大气主要组成成分		作用
干洁大气	氮气	含量约为78%，氮元素是生物体组成的基本成分
	氧气	氧气是动植物呼吸作用的原料，是一切生物维持生命活动所必需的物质
	二氧化碳	植物光合作用的原料，同时是温室效应的"元凶"
	稀有气体	又称"惰性气体"，性质稳定
水汽		云、雨形成的必要条件，吸收长波辐射，影响气温
固体杂质		云、雨形成的必要条件，与雾霾的形成息息相关

第2章

什么是大气污染？

- 配套视频
- 音频讲解
- 环保科普
- AI 伴读

出　　品：国家大气污染防治攻关联合中心
　　　　　中国环境科学研究院

动画制作：北京伟南科技开发有限责任公司

2.1 为什么大气会被污染?

为什么我会被污染呢?

　　我与人们的生产生活息息相关,所以人类活动以及一些自然过程产生的某些物质会进入我的身体,进而使我受到污染。这些物质被称作大气污染物。凡是能把我"变脏""变坏"的物质都是大气污染物。

　　这些物质的浓度达到对环境和人体健康有害的程度,并且在我的身体里停留了足够长的时间,就会破坏生态系统正常的功能和人类生存发展的环境。

2.2 大气污染物的种类及排放源

　　人类的工业生产、交通运输等过程会产生二氧化硫、氮氧化物、挥发性有机物、氨、烟（粉）尘等多种污染物质，这些物质进入大气中，大气难逃被污染的厄运。

　　建筑施工、露天堆放、秸秆焚烧、燃放烟花爆竹等人为活动都会造成大气污染！

　　这些污染物累积本就会造成严重的大气污染。此外，污染物进入大气中还会发生物理化学反应，生成新的非直接排放的二次污染物，有的毒性甚至比反应前的污染物还要强！

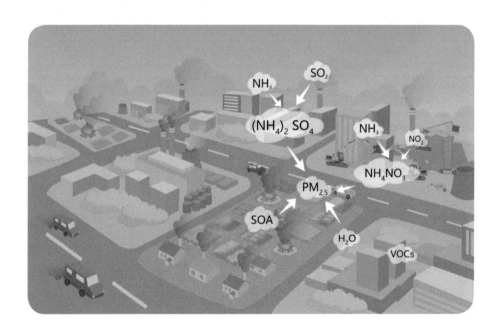

主要污染源：电厂和工业锅炉燃煤污染源、建筑施工扬尘源、农村生活与农业秸秆燃烧源、工业生产污染源、交通运输污染源等。

其他污染源：烟花爆竹燃放源、室内装修污染源、汽车喷漆污染源等。

电厂和工业锅炉燃煤污染源

燃煤排放主要来自电厂和工业锅炉，煤炭燃烧可排放多种有毒有害物质，如烟（粉）尘、一氧化碳（CO）、二氧化硫（SO_2）、重金属（如汞）和有机污染物。我国的煤炭使用量较大，且由于煤炭质量高低不一以及燃煤过程的工艺问题，大量污染物会进入大气环境，为雾霾、酸雨以及光化学烟雾提供前体物。

建筑施工扬尘源

　　建筑施工主要以扬尘的形式向大气环境排放污染物,扬尘可通过裸露地面、混凝土搅拌、车辆夹带、物料堆放、道路未硬化等散逸到大气中。扬尘不仅会降低大气能见度,也会对人体造成危害。扬尘通过呼吸道进入人体,极易引发支气管炎,其颗粒中含有的重金属、细菌及病毒,一定程度上增加了人们患传染病和癌症的可能性。

农村生活与农业秸秆燃烧源

农村民用生物质燃烧与秸秆露天燃烧效率较低，会产生大量一氧化碳（CO）、二氧化碳（CO_2）、氮氧化物（NO_x）、二氧化硫（SO_2）和可吸入颗粒物（PM_{10}）等大气污染物，并且其排放高度较低，在大气光化学反应下还会生成二次污染物[如臭氧（O_3）]，使污染物浓度在短时间内达到峰值。

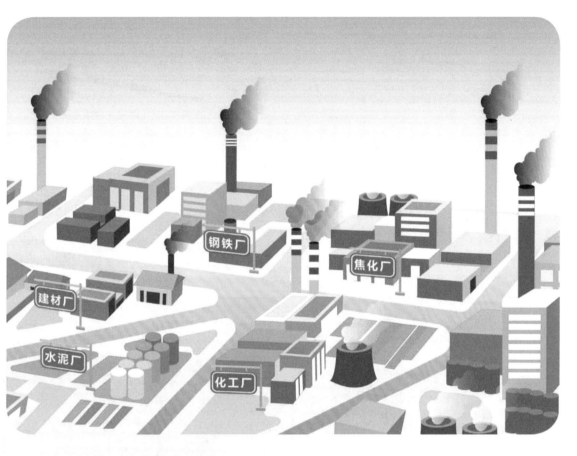

工业生产污染源

　　工业生产（如钢铁、建材、水泥、焦化及化工等）包括多种工业过程，其过程会产生对大气环境造成严重危害的污染物[如二氧化硫（SO_2）、氮氧化物（NO_x）、烟（粉）尘、挥发性有机物（VOCs）等]，是大气污染的主要来源。

交通运输污染源

交通运输污染源指因本身动力而改变位置的移动污染源，如汽车、飞机、船舶、机车等，其排放的大气污染物包括碳氧化物、氮氧化物、硫氧化物、碳氢化合物、铅化物以及悬浮微粒（黑烟）等。

机动车尾气中主要有颗粒物、氮氧化物及碳氢化合物等污染物，是细颗粒物（$PM_{2.5}$）和光化学烟雾形成的重要前体物。例如，柴油货车由于燃油未充分燃烧，其尾气主要含有氮氧化物、硫氧化物及其他有毒有害物质，严重危害大气环境质量和人体健康。

烟花爆竹燃放源

　　烟花爆竹燃放会产生烟雾，其中含有大量的重金属、二氧化硫（SO_2）、氮氧化物（NO_x）、一氧化碳（CO）等有毒有害气体以及可吸入颗粒物（PM_{10}）。

室内装修污染源

　　室内装修污染源主要是室内装修材料，如油漆、涂料、黏合剂、塑胶管材等，它们可能会释放甲醛、苯系物以及挥发性有机物（VOCs）等有害物质，VOC_s是形成细颗粒物（$PM_{2.5}$）、臭氧（O_3）等二次污染物的重要前体物，进而引发灰霾、光化学烟雾等大气环境问题。

汽车喷漆污染源

汽车喷漆污染源主要是在汽车喷漆过程中产生的废气，其中含有大量的挥发性有机污染物（VOCs）。

2.3 大气污染对人体的危害

　　大气污染物主要以颗粒物及有毒有害气体的形式对人体健康造成严重的危害。主要包括以下几个方面。

　　呼吸系统：刺激肺部使其出现炎症；肺功能下降，肺部排出污染物的能力降低，导致鼻炎、慢性支气管炎、支气管哮喘、肺气肿等疾病恶化；引起哮喘等过敏性疾病和矽肺、石棉肺、肺气肿等肺病。

　　心血管系统：可引起血液成分的改变，血液黏度增加，血液凝集以及血栓形成；可引起动脉收缩，血压升高。

　　免疫系统：降低免疫功能，增加对细菌、病毒等感染的易感性，使机体对传染病的抵抗力下降；病原微生物随颗粒物进入体内后，使机体抵抗力下降，诱发感染性疾病。

　　神经系统：导致中枢神经系统紊乱和器官调节失能，表现为头疼、头晕、嗜睡和狂躁等。

　　诱发癌症：颗粒物所吸附的多环芳烃化合物是对机体健康危害最大的环境"三致"（致癌、致畸、致突变）物质，其中苯并芘能诱发皮肤癌、肺癌和胃癌。

　　刺激作用：大气中的硫化物、氮氧化物、氯气和光化学烟雾对眼、鼻、喉黏膜等有强烈的刺激作用，大气中灰尘的增多也会刺激眼结膜。

大气污染物对人体的影响

名称		对人体的影响
气态污染物	二氧化硫	异味，造成视程缩短，流泪，引发眼部炎症。造成胸闷、呼吸道炎症、肺水肿，甚至因呼吸困难而死亡
	硫化氢	恶臭，造成恶心、呕吐，影响呼吸、血液循环、内分泌、消化和神经系统，可致人昏迷、死亡
	氮氧化物	异味，损伤支气管，造成气管炎、肺水肿、肺气肿，引发呼吸困难，严重时可致人死亡
	碳氢化合物	造成皮肤和肝脏的损伤，部分化合物具有强烈的致癌性
	一氧化碳	造成头晕、头痛、贫血、心肌损伤、中枢神经麻痹，严重时可在1小时内致人死亡
	氟和氟化氢	强烈刺激眼睛、鼻腔和呼吸道，引起气管炎、肺水肿、氟骨症和斑釉齿
	氯气和氯化氢	刺激眼睛、呼吸道，严重时引起中毒性肺水肿
颗粒污染物	粉尘	伤害眼睛，引发慢性气管炎、小儿哮喘病和尘肺。降低能见度，交通事故增多
	$PM_{2.5}$	直径较小，可进入呼吸道较深的部位（如支气管、肺泡），并进入血液。细颗粒物进入人体到肺泡后，直接影响肺的通气功能，使机体容易处在缺氧状态。颗粒中含有的碳氢化合物、重金属元素等有毒有害物质会进入血液，直接对人体造成伤害
	病原微生物	被细菌、病毒等感染的易感性病原微生物会随颗粒物进入体内，使机体抵抗力下降，诱发感染性疾病
光化学烟雾		碳氢化合物（HC）和氮氧化物（NO_x）等一次污染物在阳光（紫外光）作用下发生光化学反应生成二次污染物，参与光化学反应过程的一次污染物和二次污染物的混合物（其中有气体污染物，也有气溶胶）造成眼睛红痛、视力减弱、头疼、胸闷，引起全身疼痛、麻痹、肺水肿，严重时可在1小时内致人死亡

此外，大气颗粒物还可造成胎儿增重缓慢；影响儿童的生长发育；导致患有心血管疾病、呼吸系统疾病和其他疾病的敏感体质患者过早死亡。

扫码获取

· 配套视频
· 音频讲解
· 环保科普
· AI 伴 读

出　　品：国家大气污染防治攻关联合中心
　　　　　中国环境科学研究院

动画制作：北京伟南科技开发有限责任公司

第3章

大气污染形成的原理

3.1 大气的自净能力

为什么有时候有污染，有时候又没有污染呢？

因为我本身具有自净能力，可以靠自身的稀释、扩散、氧化等物理化学作用，使进入我身体里的污染物浓度降低，或得以清除。

当进入我身体的污染物可以被我本身的自净能力清除掉时，污染物就不会在我的体内长时间停留，也就不会有严重的污染出现。

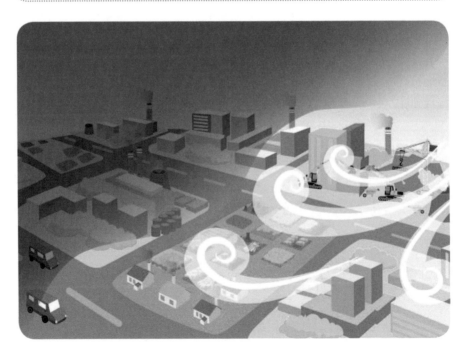

大气的自净能力

举个例子，进入大气中的一氧化碳，在风的作用下稀释扩散，浓度降低，经过氧化转化为二氧化碳，再被绿色植物通过光合作用吸收，这样，空气就恢复到原来的洁净状态。

雨水同样可以清除污染物，有些气溶胶粒子本身可以作为凝结核而成为云滴的一部分，在云的形成过程中，一部分微量气体和粒子，可通过扩散、碰撞、并合等过程进入云滴，随着降水被清除出大气。雨水在下降过程中将进一步吸收大气微量成分和气溶胶粒子，并把它们带到地面。

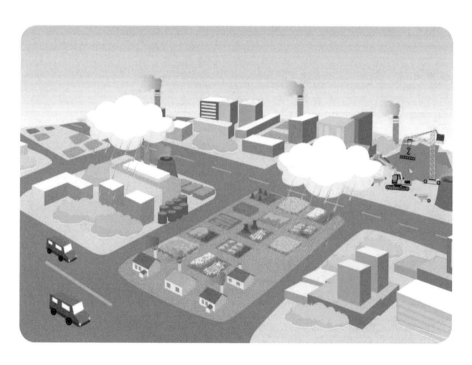

风力扩散、植物吸收、降水对大气污染物的清除

自净能力强弱还会有变化吗？

是的，我的自净能力是变化的。

我的自净能力受温度层结、风向、风速、湿度、地表性质等影响。

气象条件是影响大气自净能力的关键因素。我们经常会听说有利气象条件和不利气象条件，这说的就是对于大气环境自净能力而言的"有利"和"不利"。

有利气象条件对应比较强的环境自净能力，不利气象条件就对应比较弱的自净能力。

一般来说，逆温层或者混合层比较高、风速比较大就是有利气象条件，这时，我的自净能力就比较强。而小风伴随静稳天气就是不利气象条件，这时，我的自净能力就比较弱。

3.2 大气污染物的排放

人类和自然是如何污染
大气的呢？

　　凡是能把我"变脏""变坏"的物质都是大气污染物，主要是指人类活动或自然过程排入大气的，并对人和环境产生有害影响的物质。大自然会通过森林火灾、火山喷发、海啸等活动排放大气污染物，但是现今人为排放对于大气环境的影响越发严重。人类在生产及生活过程中使用煤炭等能源，在能源使用和燃烧的过程中会排放二氧化硫、氮氧化物、烟（粉）尘等污染物。这些污染物排放到我的身体中，就极易引发大气污染。

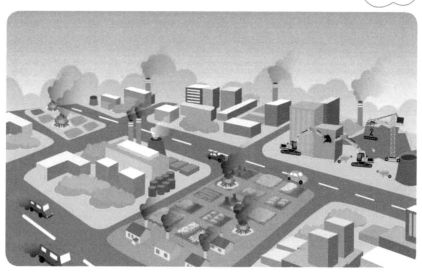

找找图中的自然排放源和人为排放源

　　当进入大气环境中的污染物太多，或者大气本身的自净能力变得比较弱的时候，污染物难以通过扩散和反应进行去除，逐渐在大气中累积，这时大气污染就出现了，有时甚至还会发生很严重的污染事件。

各种污染物进入大气中

3.3 气象因素与大气污染

逆温和逆温层又是怎么回事儿？和大气污染有什么关系呢？

在对流层中，正常情况下，我的体温（气温）是随着高度的增加而降低的。但是，有些时候气温会随着高度的增加而升高，此时上层空气温度就会高于近地面空气温度，或者是随着高度增加，温度并没有降低到相应的水平，气象学家称这种现象为"逆温"。发生逆温现象的大气层称为"逆温层"。

当逆温现象发生时，空气的垂直交换受到阻碍，来自地表的污染物只能在逆温层以下的大气环境中稀释混合，逆温层越低，污染物稀释混合空间越小，空气污染越严重。

伴随风速变小，污染物水平输送变慢，加上不利地形、山前阻挡等因素，污染物不能及时扩散，大气污染便会越来越严重。

逆温层

当不利气象条件发生时，如果人为的生产和生活活动一如既往地排放污染物到大气环境中，污染便会持续累积、加重并蔓延，污染连绵成片，污染气团随风流动，形成大范围的区域性空气重污染。

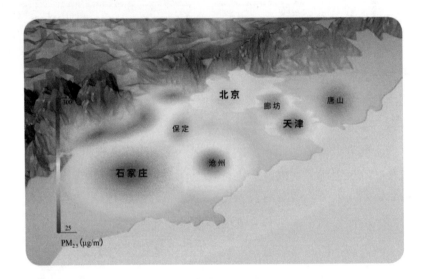

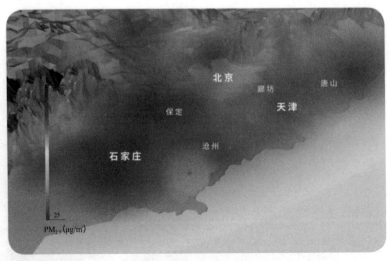

京津冀的污染过程

第4章

我国大气污染的
"防"与"治"

配套视频
音频讲解
环保科普
AI 伴读

扫码获取

出　　品：国家大气污染防治攻关联合中心
　　　　　中国环境科学研究院

动画制作：北京伟南科技开发有限责任公司

4.1 大气污染控制的关键

哈哈，如何轻装上阵？

为了减轻大气污染，归根结底，还是要减少人为活动排放的大气污染物。

气象条件的好坏是污染物能否在大气环境中积累并且造成严重污染的关键因素。因此，特别是当不利气象条件发生时，必须采取应急措施，加大力度减少污染物排放。

4.2 大气的"治病"过程

我国采取了什么措施控制大气污染呢？

目前，我国通过立法、制定系列标准和规划防治大气污染，目的是改善环境空气质量，保护人体健康。

1987年　《中华人民共和国大气污染防治法》颁布

1998年　国务院关于酸雨控制区和二氧化硫污染控制区有关问题的批复

2006年　对SO_2排放实施总量控制

2010年　"十二五"期间污染物总量控制种类增加了NO_x

2012年　《环境空气质量标准》（GB 3095—2012）发布

2013年　《大气污染防治行动计划》出台

2015年　第二次修订《中华人民共和国大气污染防治法》

2016年　中央环保督察组正式亮相

2017年　成立国家大气污染防治攻关联合中心

2017年　制定《京津冀及周边地区2017—2018年秋冬季大气污染综合治理攻坚行动方案》

2018年　第二次修正《中华人民共和国大气污染防治法》；国务院发布《打赢蓝天保卫战三年行动计划》

4.3 我国给大气开的"处方药"

　　科技支撑在大气污染防治中也发挥了重要作用。我国启动了一系列大气领域的科学研究项目和课题。2017年，环境保护部组织国内科技优势力量开展天—地—空一体化观测、污染来源解析等系列攻关研究，通过科学研判，为科学制定大气污染防治对策起到支撑作用。

　　我国通过科学研究与判断，制定了一系列大气污染防治对策。

　　如施工工地扬尘治理、工地限时停工、秸秆禁烧、燃煤结构改造、清洁能源替代、错峰生产、机动车限行、尾气治理……

进一步优化产业结构，对"散乱污"企业进行综合整治、工业污染深度治理；优化能源结构，推动燃煤小锅炉的淘汰改造，着力发展清洁能源；优化运输结构，开展柴油货车超标排放专项整治；优化用地结构，综合治理城市扬尘。加强环保督察巡查，严格依法监督管理。全面打响蓝天保卫战。

在各方共同努力下，我国大气污染防治工作取得明显成效。与2013年相比，京津冀、长三角和珠三角2017年大气PM$_{2.5}$年均浓度分别下降了39.6%、34.3%和27.7%；全国74个重点城市重污染天数减少51.8%。

第5章

清洁大气，保护环境
从身边点滴做起

扫码获取

· 配套视频 · 环保科普
· 音频讲解 · AI 伴读

出　　品：国家大气污染防治攻关联合中心
　　　　　中国环境科学研究院

动画制作：北京伟南科技开发有限责任公司

现在知道了吧，保护我、爱护我是多么地重要，你们每个人都要参与其中哟，哈哈，送你小花花。

良好生态环境是最普惠的民生福祉，关注空气质量、大气污染防治人人有责。人类作为地球的主人，理应为减轻大气污染、保护环境行动起来！从小事做起！从身边做起！

5.1 绿色出行

倡导绿色出行、减少污染物排放。多乘地铁、公共汽车等公共交通工具，短途尽量走路或者骑自行车，这样既能缓解交通拥堵，又能减轻能源压力，控制大气污染。

倡导绿色出行，减少污染物排放。

5.2 清洁用能

提倡绿色生活，巧用清洁能源。"西气东输""西电东送"等能源工程的实施，使全国各地都有机会享用到较为充足的绿色能源。积极响应"煤改气""煤改电"等清洁采暖政策，从自身做起，使用清洁能源。

1kW·h×14亿人

可减少排放

SO₂ 246t

NO₂ 313t

颗粒物 1120t

养成节电习惯，如使用节能灯、将空调设置成环保温度等。

5.3 简约生活

提倡简约生活、养成绿色生活习惯。发达的科技为生活提供了极大的便利，但是同样会生成更多的垃圾。人们在日常生活中应当少购买和使用会造成污染、过度包装的产品，更要节约用电，随手关灯，避免能源的浪费。

提倡简约生活

少用一次性用品

随手关灯

复杂包装简单化

5.4 抓住"坏家伙"

　　举报污染行为、共建美丽中国。不仅要做到严格遵守环保规章制度，不随意露天焚烧垃圾、秸秆等，遇到污染大气的行为时，如垃圾、秸秆的露天焚烧，机动车冒黑烟及货车物料遗撒，露天施工无扬尘防护措施，还要勇于举报，做保护大气环境的卫士。

让我们携起手，去了解、去支持、
去参与大气污染防治。
美好的蓝天，需要你我的努力。

创作单位介绍

　　中国环境科学研究院成立于1978年12月31日，隶属中华人民共和国生态环境部。作为国家级社会公益非营利性环境保护科研机构，中国环境科学研究院下设大气环境研究所、环境政策与战略环评研究中心、清洁生产与循环经济研究中心等18个业务机构，围绕国家可持续发展战略，开展创新性、基础性重大环境保护科学研究，致力于为国家经济社会发展和环境决策提供战略性、前瞻性和全局性的科技支撑，服务于经济社会发展中重大环境问题的工程技术与咨询需要，为国家可持续发展战略和环境保护事业发挥了重要作用。中国环境科学研究院作为国家环保一线的排头兵，曾获得国家科技进步奖一等奖2项、二等奖15项，三等奖4项，省部级科技奖励千余项，其中环境保护科学技术奖一等奖17项。

　　国家大气污染防治攻关联合中心于2017年正式成立，生态环境部、科技部、中国科学院等部门集中国内环境领域顶尖力量，紧密围绕京津冀及周边地区重污染成因与机理等关键科学问题，开展集中攻关，创新科研管理机制，加强大气重污染成因研究与治理攻关的组织实施，为解决当前紧迫的大气污染问题提供科学支撑。

　　国家大气污染防治攻关联合中心采用"1+X"模式，即以中国环境科学研究院为主要依托单位，联合生态环境部相关直属单位、相关高校和科研院所等200多家优势单位，集中全国大气领域2000多名顶尖科技工作者（含20位院士）和一线科技工作者，具体负责大气攻关项目的组织管理和实施，按照虚拟机构、实体操作的模式运行，在国家科研组织和体制方面是一个重大创新，是新型举国体制在生态环境科技领域的重要实践。

隐形生命护卫 大气

青云小编

如何保护大气环境？

环保科普
从自己做起保护人类共有家园

大气是什么？

配套视频
清晰呈现大气结构和污染成因

扫码认识

大气有什么用？

音频讲解
带你了解大气污染的严重危害

读书有疑问？读完不过瘾？

找AI伴读青云小编
为你答疑解惑 拓展阅读视野